生命的旅程：从一粒种子到一棵松树

（美）苏珊娜·斯莱德/文　（美）杰夫·耶什/图　钱丽萍/译

北京时代华文书局

图书在版编目（CIP）数据

从一粒种子到一棵松树 /（美）苏珊娜•斯莱德文 ;（美）杰夫•耶什图 ; 钱丽萍译 . -- 北京 : 北京时代华文书局, 2019.5
（生命的旅程）
书名原文 : From Seed to Pine Tree
ISBN 978-7-5699-2957-7

Ⅰ . ①从… Ⅱ . ①苏… ②杰… ③钱… Ⅲ . ①植物－儿童读物 Ⅳ . ① Q94-49

中国版本图书馆 CIP 数据核字 (2019) 第 032548 号

From Seed to Pine Tree Following the Life cycle
Author: Suzanne Slade
Illustrated by Jeff Yesh

版权登记号 01-2018-6436

生命的旅程　从一粒种子到一棵松树

Shengming De Lücheng　Cong Yili Zhongzi Dao Yike Songshu

著　　者 |（美）苏珊娜•斯莱德 / 文;（美）杰夫•耶什 / 图
译　　者 | 钱丽萍

出 版 人 | 王训海
策划编辑 | 许日春
责任编辑 | 许日春　沙嘉蕊　王　佳
装帧设计 | 九　野　孙丽莉
责任印制 | 刘　银

出版发行 | 北京时代华文书局 http://www.bjsdsj.com.cn
北京市东城区安定门外大街 138 号皇城国际大厦 A 座 8 楼
邮编：100011 电话：010-64267955 64267677
印　　刷 | 小森印刷（北京）有限公司　电话：010 － 80215073
（如发现印装质量问题，请与印刷厂联系调换）
开　　本 | 787mm×1092mm　1/20　印 张 | 12　字 数 | 125 千字
版　　次 | 2019 年 6 月第 1 版　印 次 | 2019 年 6 月第 1 次印刷
书　　号 | ISBN 978-7-5699-2957-7
定　　价 | 138.00 元（全 10 册）

美丽的松树

松树以其又细又长的叶子而被人熟知，这些叶子被称作松针。

松树也叫常青树，因为树上的松针全年都是绿色的。在森林里、公园里，甚至你的院子里都能看到这些美丽的树。松树家族有超过150种不同种类的树。它们都有基本相同的生命周期。让我们看看短叶松的生命周期。

短叶松在美国的22个州都有发现，西南至德克萨斯州，东北至纽约州，遍布整个东部。

小种子

一棵高耸的松树，生命开始于一颗小小的、褐色的种子。这颗带有翅膀状薄片的种子被保护在一个封闭的松果内。在秋天，松果会裂开。风把这颗有翅种子带到地上。当春天气温上升的时候，小种子就开始发芽了。同时，种子还需要水和空气才能开始生长。

种子内部有能够帮助它生长的营养成分。

在松树长成幼苗，可以自己制造养分以前，它都需要依靠种子的自身养分。

从种子到幼苗

当一颗种子开始发芽时，种子坚硬的外壳就会裂开。很快，小小的根须就会深入土壤向下生长，根须会吸收水分并将种子固定住。不久，一株绿色的嫩芽迎着明亮的阳光破土而出。接下来，绿色的松针从嫩芽上长出来。种子长成了一棵被称为幼苗的小树。

3.幼苗发芽

4.长出松针

大多数的短叶松幼苗不满一年就枯萎了。有时这种情况是因为幼苗没有获得足够的水，还有一些是被饥饿的昆虫吃掉了。通常，当太多的种子落在一块很小的区域内时，可能会因为没有足够的营养而无法存活。

小树生长

幼苗需要空气、阳光和水才能生长。它用这些东西来制造养分，这个过程叫作光合作用。短叶松10岁左右逐渐长成幼树。幼树有更强壮的木质树干，看起来像它的妈妈。

在光合作用过程中，松树在长长的松针中制造一种叫作氧气的气体。人类和动物都需要氧气才能生存。

阳光和空气中的二氧化碳
水

一棵强壮的松树

小树每年都会长高，直到它变成一棵高大的松树。当一棵短叶松树20岁时，它的高度大约是18米。大多数完全长大的短叶松高达31米，大约有10层楼那么高！

在秋天，一些短叶松的松针会变成褐色并掉落到地上。其他的松针整个冬天都是绿色的。这就是松树被称为常青树的原因。在春天，松树的枝头上又会长出新的松针。

10 层楼

被称为松果的花朵

当一棵短叶松树20岁时，它会在春天长出特殊的花朵。这些花叫作松果。有些松果是雄性的，有一些是雌性的。新长的雄性松果比雌性松果小。长而薄的雄性松果是黄色或绿色的。新长的雌性松果是绿色的。

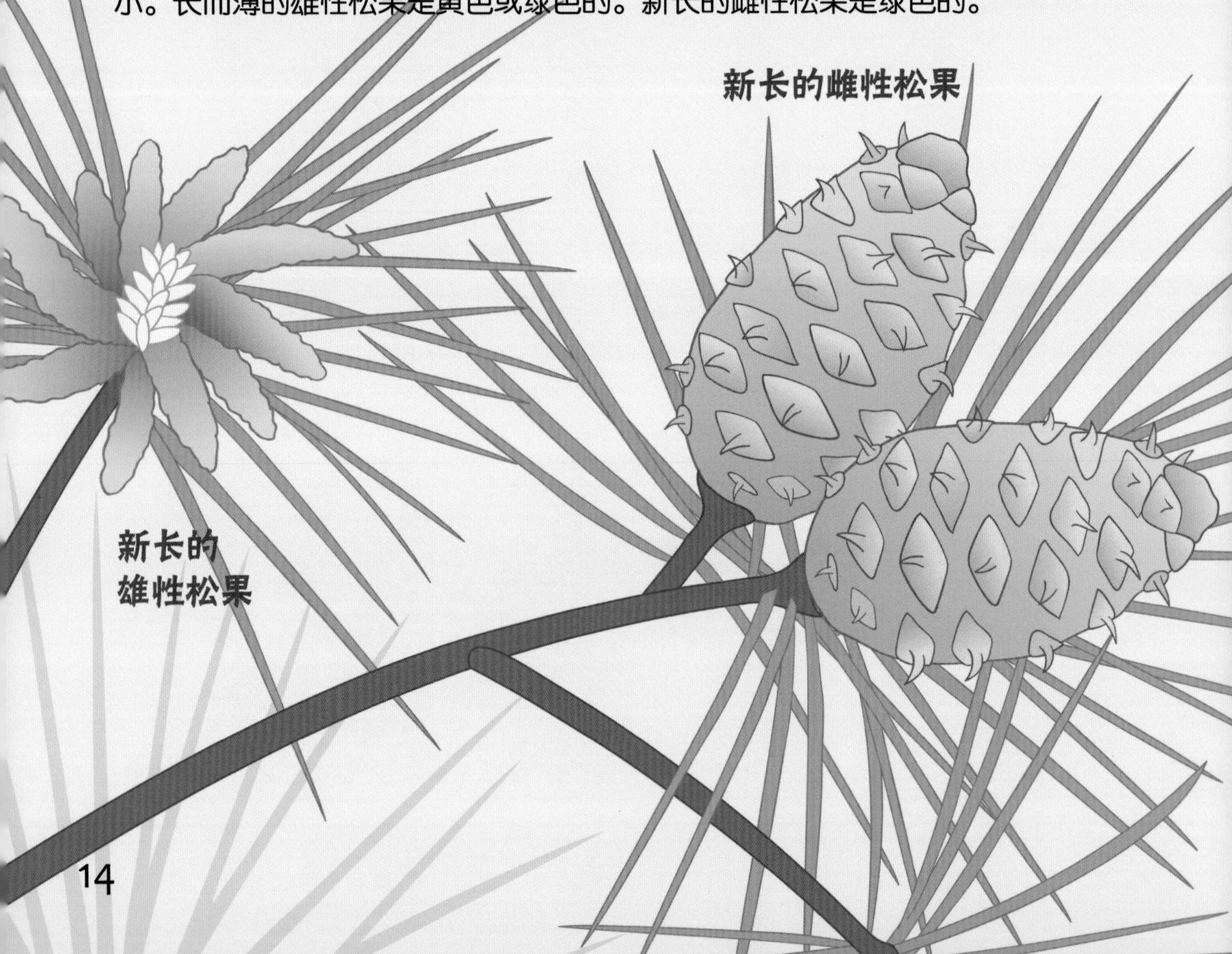

随着时间的推移，雌性松果的厚鳞片会变成棕色并越来越坚硬。雄性松果也会变成褐色。

雄性短叶松果长1.3～5厘米。
雌性短叶松果长2.5～9.7厘米。

孕育新种子

雄性松果会产生一种叫花粉的黄色粉末。风把一些花粉吹到雌性松果张开的鳞片上。很快，雌性松果的鳞片闭合，将花粉留在里面。当花粉使雌性松果内的卵细胞受精时，新的松树种子开始形成。

雌性松果接受了同一棵树上的雄性松果的花粉，完成受精。

自由飞翔

当新种子完全成熟时，雌性松果的鳞片就会裂开。十月下旬，这些带有翅膀状薄片的种子开始掉落到地面上。长长的翅膀能帮助种子飘离母树下的阴影——因为种子需要大量的阳光。

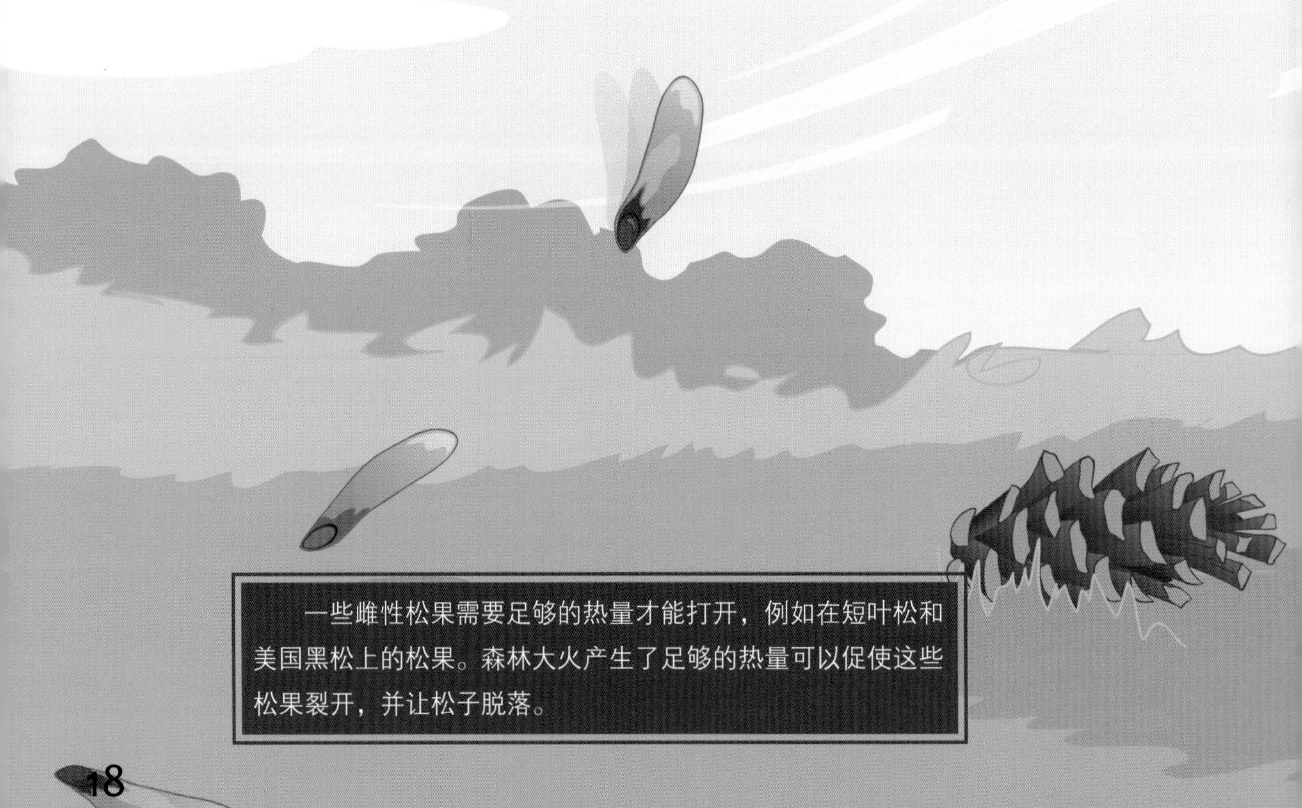

一些雌性松果需要足够的热量才能打开，例如在短叶松和美国黑松上的松果。森林大火产生了足够的热量可以促使这些松果裂开，并让松子脱落。

大多数成年的短叶松在大约35岁时被砍伐。人们很难找到一棵超过100岁的短叶松。令人高兴的是，不久前在美国阿肯色州发现了一棵314岁的短叶松。

生命周而复始

漫长的冬季过去，春天来了，松树的种子开始发芽。随着时间的推移，它们长成参天大树。这些巨大的松树为动物们提供了家园。在烈日当头的日子里，长长的绿色树枝给远足者和露营者遮阴。随着生命的周而复始，短叶松使我们的世界变得更加美丽！

短叶松的生命周期

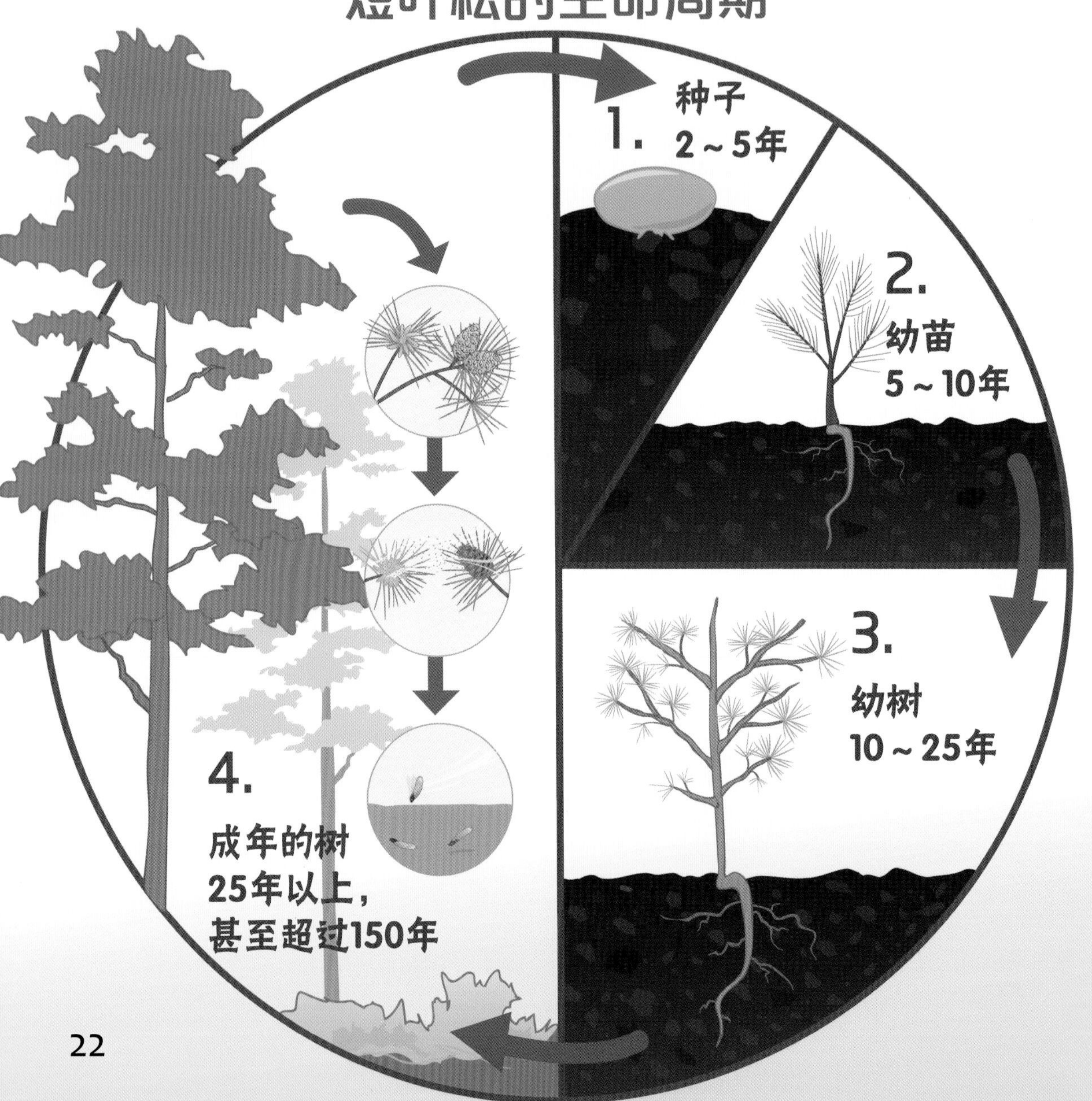

有趣的冷知识

★一棵名为博热尔曼松的松树是世界上最高的松树之一。它仍然生长在美国大烟山国家公园。这棵白色的松树高57米！

★美国某些州的松树面临灭绝的危险。短叶松是伊利诺伊州的一种濒危树种。

★一些农场种植的松树将成为美丽的圣诞树。美国有2000平方千米的农田用来种植圣诞树。

★世界上最长的松果生长在兰伯氏松树上。其中一些大的雌性松果的长度能达到53厘米！兰伯氏松树生长在美国的西部山区。

短叶松树林